Manoharan Kesavan
Navanesan Gobidan
Pujitha Dissanayake

Atraso na conclusão de projectos de construção no Sri Lanka

Manoharan Kesavan
Navanesan Gobidan
Pujitha Dissanayake

Atraso na conclusão de projectos de construção no Sri Lanka

Um estudo de investigação

ScienciaScripts

Imprint

Cover image: www.ingimage.com

This book is a translation from the original published under ISBN 978-620-2-00472-5.

Publisher:
Sciencia Scripts
is a trademark of
Dodo Books Indian Ocean Ltd. and OmniScriptum S.R.L publishing group

120 High Road, East Finchley, London, N2 9ED, United Kingdom
Str. Armeneasca 28/1, office 1, Chisinau MD-2012, Republic of Moldova, Europe
Printed at: see last page
ISBN: 978-620-7-76025-1

Índice:

AGRADECIMENTOS

É com grande honra, orgulho e apreço que aproveitamos esta grande oportunidade para expressar o nosso sincero e sentido agradecimento ao Departamento de Engenharia Civil da Universidade de Peradeniya, no Sri Lanka.

Tendo em conta que o nosso generoso agradecimento vai para o Eng. N. Navanesan (Diretor Adjunto, Departamento de Irrigação do Distrito de Vavuniya, Sri Lanka) por nos ter ajudado a realizar as entrevistas entre os profissionais da construção civil. Os nossos sinceros agradecimentos ao Dr. K. Perera (Professor Sénior, Departamento de Matemática, Universidade de Peradeniya, Sri Lanka) por nos ter ajudado a aprender aplicações estatísticas. Gostaríamos também de agradecer ao Dr. H.K. Nandalal, ao Prof. K.D.W. Nandalal e ao Prof. J.J. Wijetunga por nos terem dado uma orientação infinita ao longo de todo o processo de realização deste projeto, de modo a corresponder às expectativas em todos os aspectos.

Apresentamos de todo o coração o nosso respeitoso agradecimento a todos aqueles que nos deram o seu apoio e nos ajudaram enormemente em todos os domínios, direta e indiretamente, a realizar este produtivo projeto de forma vitoriosa e com sucesso.

Finalmente, queremos expressar a nossa profunda gratidão aos editores que orientaram e apoiaram a publicação do nosso trabalho na LAP LAMBERT Academic Publishing através da OmniScriptum.

Eng. (Sr.) Manoharan Kesavan
Eng. (Sr.) Navanesan Gobidan
Eng.(Dr.) Pujitha Dissanayake

Capítulo 1

INTRODUÇÃO

1.1 ANTECEDENTES DOS ATRASOS NA CONSTRUÇÃO

Um dos problemas mais importantes que podem ocorrer nos projectos de construção de engenharia civil são os atrasos na construção. A importância destes atrasos de construção varia consideravelmente de projeto para projeto. Qualquer perturbação dos objectivos do projeto contribuirá certamente para os atrasos, com os seus efeitos adversos específicos nos objectivos do projeto.

As causas dos atrasos dos projectos de construção são geralmente agrupadas nas sete categorias seguintes.

- Causas relacionadas com o cliente
- Causas relacionadas com o empreiteiro
- Causas relacionadas com o consultor
- Causas relacionadas com os materiais
- Causas relacionadas com o trabalho
- Causas relacionadas com equipamento / maquinaria
- Causas externas

1.2 OBJECTIVOS DO ESTUDO

Os objectivos seguintes são desenvolvidos para atingir o objetivo da investigação.

- Identificar as causas dos atrasos no sector da construção civil no Sri Lanka.
- Estudar as diferenças de ideias das três principais partes interessadas, incluindo clientes, contratantes e consultores.
- Identificar os factores significativos que causam atrasos nos projectos de construção no Sri Lanka.

1.3 ÂMBITO DO ESTUDO

- Identificação das causas dos atrasos através da revisão da literatura
- Entrevistas e discussões entre os profissionais relacionados com o projeto de construção
- Preparação de questionários
- Distribuição dos questionários pelos projectos de construção seleccionados no Sri Lanka
- Análise dos dados utilizando os pacotes informáticos
- Identificação de factores significativos de atrasos
- Identificação do grau de acordo entre os participantes no projeto
- Recomendação de métodos de atenuação e actividades de planeamento para evitar os atrasos do projeto de construção

Capítulo 2

REVISÃO DA LITERATURA

2.1 INTRODUÇÃO

Vários investigadores estudaram as causas dos atrasos dos projectos de construção em diferentes países e alguns dos investigadores apresentaram sugestões para evitar / minimizar os atrasos dos projectos de construção.

A revisão da literatura foi efectuada através de livros, da Internet, de actas de conferências e das principais revistas de gestão da construção e de engenharia. Nesta etapa, as causas dos atrasos, os métodos de atenuação dos atrasos e as actividades de planeamento adequadas que podem ser encontradas num projeto de construção foram identificadas através de uma análise detalhada de artigos técnicos publicados, revistas recentes, jornais e através da Internet.

2.2 INVESTIGAÇÕES RELACIONADAS

2.2.1 Alaghbari et al. (1999) - Os factores significativos que causam atrasos nos projectos de construção de edifícios na Malásia

Alaghbari et al. (1999) realizaram uma investigação sobre os factores que provocam atrasos nos projectos de construção de edifícios na Malásia. Os investigadores separaram os atrasos dos projectos de construção em quatro categorias principais, a saber

- Atrasos não desculpáveis
- Atrasos desculpáveis e não compensáveis
- Atrasos desculpáveis e indemnizáveis
- Atrasos simultâneos

Os investigadores realizaram um inquérito por questionário para esta investigação. As suas amostras eram constituídas por empreiteiros, consultores e promotores que trabalham em empresas de sistemas de construção na Malásia. Os factores de atraso foram categorizados de acordo com o empreiteiro, o proprietário e o consultor, separadamente. Finalmente, os factores de atraso de cada parte foram integrados e classificados de acordo com o índice de importância relativa.

Em conclusão, as seguintes causas foram consideradas causas graves de atrasos no sector da construção civil da Malásia.

- Dificuldades financeiras e problemas económicos (relacionados com o proprietário)
- Problemas financeiros (relacionados com o contratante)
- Supervisão demasiado tardia e lentidão na tomada de decisões (relacionada com o consultor)
- Lento a dar instruções (relacionado com o consultor)
- Má gestão do sítio (relacionada com o contratante)
- Erros de construção e trabalhos defeituosos (relacionados com o empreiteiro)
- Atraso na entrega de material no local (relacionado com o contratante)
- Lentidão na tomada de decisões (relacionada com o proprietário)
- Falta de experiência de consultoria (relacionada com a consultoria)
- Documentos incompletos (relacionados com o consultor)

2.2.2 Assaf S.A. e Al Hejji S. (2006) - Causas de atraso em grandes projectos de construção na Arábia Saudita

Asaaf S.A. e Al-Hejji S. (2006) realizaram uma investigação para identificar as causas dos atrasos em grandes projectos de construção na Arábia Saudita. Foram encontrados 73 factores que causam atrasos na construção e categorizados em 9 grupos, tais como projeto, proprietário, empreiteiro, consultor, equipa de conceção, mão de obra, material, equipamento e causas externas.

As seguintes causas de atraso foram consideradas as mais importantes, com base na análise.

- Aprovação de desenhos de fabrico
- Atrasos nos pagamentos dos empreiteiros pelos proprietários
- Alterações de projeto pelos proprietários
- Problemas de tesouraria durante a construção
- Lentidão do processo de decisão dos proprietários
- Erros de conceção
- Excesso de burocracia na organização do proprietário do projeto
- Escassez de mão de obra
- Competências laborais inadequadas

Os investigadores encontraram a seguinte classificação dos factores de atraso em grandes projectos de construção na Arábia Saudita, de acordo com o índice de importância relativa.

Relacionadas	**Classificação**
Proprietário	1
Empreiteiro	2
Equipa de design	3
Trabalho	4
Consultor	5
Material	6
Externo	7

Projeto	8
Equipamento	9

2.2.3 Chan e Kumaraswamy (1997) - Uma avaliação do desempenho do tempo de construção na indústria da construção civil de Honk Kong

Chan e Kumaraswamy (1997) procuraram identificar os principais factores responsáveis pelos atrasos na indústria da construção civil de Honk Kong. Os objectivos principais desta investigação foram os seguintes

- Determinar os factores significativos que contribuem para os atrasos nos projectos de construção.
- Investigar as perspectivas colectivas do grupo sobre a importância relativa dos factores de atraso.
- Avaliar o grau de acordo entre dois grupos de participantes do sector relativamente aos factores de atraso.
- Formular recomendações para melhorar o desempenho dos projectos de construção de edifícios em termos de tempo de construção.

Foram encontrados 83 factores que causam atrasos na construção e categorizados em 8 factores principais, como o projeto, o proprietário, o empreiteiro, a equipa de conceção, a mão de obra, o material, o equipamento e as causas externas. O inquérito por questionário foi lançado no início de 1995 em Hong Kong sobre os principais factores que influenciam os projectos de construção de edifícios. Foram recebidas 78 respostas de organizações de clientes, consultores e empreiteiros do sector da construção civil de Hong Kong.

Concluindo, as seguintes causas foram consideradas causas graves de atrasos no sector da construção civil de Honk Kong com base na análise.

- Má gestão e supervisão dos riscos
- Condições imprevistas do local
- Processo de decisão lento
- Variações iniciadas pelo cliente
- Variações de trabalho

2.2.4 Frimpong et al. (2001) - Causas de atrasos e custos excessivos na construção de projectos de águas subterrâneas nos países em desenvolvimento; o Gana como estudo de caso

Frimpong et al. (2001) realizaram uma investigação sobre as causas dos atrasos em projectos de construção de águas subterrâneas em 2001, no Gana, como um estudo de caso. O objetivo era estudar e avaliar os factores que contribuem para os atrasos e o excesso de custos nas construções de águas subterrâneas. Foram identificadas 26 causas que afectam os atrasos e os questionários foram preparados para determinar a importância relativa dos factores por ordem de prioridade. O índice de importância relativa foi calculado para identificar a importância relativa de cada causa de atraso e o coeficiente de concordância de Kendall foi utilizado para determinar a percentagem

de concordância entre os participantes no projeto.
As seguintes causas foram consideradas causas graves de atrasos com base na análise.

- Dificuldades de pagamento mensal por parte das agências
- Má gestão dos contratantes
- Aquisição de materiais
- Desempenho técnico deficiente
- Escalada dos preços dos materiais
- Deficiências de planeamento e programação

Foram recomendadas as seguintes medidas para reduzir os atrasos

- Identificar os níveis de financiamento adequados para os projectos na fase de planeamento.
- Introduzir programas de formação para melhorar as competências de gestão dos contratantes.
- Introduzir um sistema eficaz de aquisição de materiais.

2.2.5 Thomas, Kumaraswamy e Cheung (2013) - Seleção das actividades a serem afectadas para atenuar os atrasos na construção

Thomas, Kumaraswamy e Cheung (2013) realizaram um estudo sobre a atenuação dos atrasos na construção na Universidade de Hong Kong a partir de uma perspetiva fundamental, que consiste em identificar os factores que afectam a seleção das actividades a bloquear e a importância relativa desses factores na tomada dessas decisões. No passado, muitos estudos de investigação tinham-se concentrado apenas na relação tempo-custo, especialmente quando se tratava de determinar quais das restantes actividades deviam ser interrompidas, uma vez que partiam do princípio de que o "custo" era o fator mais significativo para os gestores e planeadores na compressão do calendário.

No entanto, este estudo indicou que o "custo" não era considerado pelos clientes e contratantes como o fator mais importante. Em vez disso, há muitos outros factores externos, organizacionais e relacionados com o projeto que merecem ser considerados ao selecionar uma atividade para ser destruída.

Através das entrevistas semi-estruturadas, foi identificada e compilada uma lista de 23 factores de seleção. Foi realizado um inquérito por questionário para determinar a importância dos factores identificados para a seleção das "actividades de choque". Os factores mais importantes incluem a segurança, as hipóteses de sucesso, a disponibilidade de recursos e o tempo de execução. Estes factores devem ser considerados pelos gestores e planeadores quando tomam uma decisão sobre a atenuação de atrasos. Os factores menos importantes incluem o custo, considerações ambientais, questões políticas e relações públicas.

Os resultados deste estudo devem levar os investigadores e os profissionais a repensar a ênfase das decisões sobre a atenuação dos atrasos. Em vez de se concentrarem apenas no "custo", os modelos analíticos podem ser alargados de modo a incluir outros factores, tal como identificados neste estudo. Tendo identificado uma lista de factores pertinentes para a seleção de actividades de colisão, a próxima fase da investigação consistirá em estabelecer orientações sobre a forma de tomar decisões mais informadas e bem racionalizadas sobre a redução dos atrasos com base nos factores de seleção identificados.

2.2.6 G.Sweis, Hammad e Shboul (2007) - Atrasos nos projectos de construção; o caso da Jordânia

G.Sweis, Hammad e Shboul (2007) realizaram uma investigação na Jordânia, centrada principalmente nos atrasos no sector da construção residencial jordano. Foi realizado um inquérito por questionário com base num sistema de conversão aberto e a classificação foi efectuada através da pontuação média dos dados comunicados pelo consultor, pelo empreiteiro e pelo cliente.

De acordo com as respostas dos consultores, as três causas de atraso seguintes foram consideradas as mais críticas.

- Má planificação e programação do projeto por parte do empreiteiro
- Dificuldades financeiras enfrentadas pelo contratante
- Demasiadas ordens de alteração do proprietário

De acordo com as respostas dos contratantes, as três causas de atraso seguintes foram consideradas as mais críticas.

- Dificuldades financeiras enfrentadas pelo contratante.
- Demasiadas ordens de alteração do proprietário.
- Escassez de mão de obra (qualificada, semi-qualificada, não qualificada)

De acordo com as respostas dos proprietários, as três causas de atraso seguintes foram consideradas as mais críticas.

- Má planificação e programação do projeto por parte do empreiteiro
- Dificuldades financeiras enfrentadas pelo contratante
- Pessoal técnico incompetente afetado ao projeto

2.2.7 Aibinu e Jagboro (2001) - Os efeitos dos atrasos de construção na entrega de projectos na indústria da construção nigeriana

Aibinu e Jagboro (2001) realizaram um estudo para determinar os efeitos dos atrasos na entrega de projectos na Nigéria. Os objectivos da investigação eram os seguintes

- Identificar e avaliar os efeitos do atraso na execução do projeto.
- Avaliar os efeitos do atraso no custo de conclusão.
- Medidas a adotar para minimizar os efeitos do atraso.

Inicialmente, foram identificados 6 efeitos dos atrasos dos projectos através de pesquisas bibliográficas e entrevistas. Foi realizado um inquérito por questionário para identificar a importância relativa dos factores de atraso dos projectos, tendo sido respondidos 102 dos 200 questionários.

A ordem crescente dos efeitos dos atrasos apresentados com base nas observações foi a seguinte

1. Tempo excedido
2. Custo superior ao previsto
3. Litígio
4. Arbitragem
5. Contencioso

2.2.8 Sambasivan e Soon (2006) - Causas e efeitos dos atrasos nos projectos na indústria da construção da Malásia

Sambasivan e Soon (2006) centraram-se no estudo das causas e efeitos dos atrasos no sector da construção na Malásia. Os objectivos da sua investigação consistiam em identificar as causas e os efeitos dos atrasos.

Foi elaborado um questionário que incluía as causas dos atrasos, os efeitos dos atrasos e informações sobre os antecedentes do inquirido. Foi utilizado o método de amostragem "bola de neve" para distribuir os questionários aos destinatários.

As causas graves dos atrasos foram as seguintes, com base na análise.

- Planeamento incorreto do contratante
- Má gestão do estaleiro por parte do empreiteiro
- Experiência inadequada do contratante
- Financiamento inadequado dos clientes e pagamentos por trabalhos concluídos
- Problemas com os subcontratantes
- Escassez de material
- Oferta de mão de obra
- Disponibilidade e avaria do equipamento
- Falta de comunicação entre as partes
- Erros durante a fase de construção

Os investigadores referiram que as causas e os efeitos dos atrasos podem ser únicos consoante as nações. Concluindo, os efeitos graves dos atrasos foram os seguintes, com base na análise.

- Tempo excedido
- Custo superior ao previsto
- Litígios
- Contencioso
- Arbitragem
- Abandono total do projeto

2.2.9 Comparação do atraso do calendário e dos factores causais entre projectos de construção tradicionais e ecológicos

O Departamento de Construção Civil da Universidade Nacional de Singapura e o Departamento de Controlo de Custos da EC Harris Singapore Pte Ltd participaram nesta investigação em Singapura, de 2011 a 2013. Apesar da maior atenção dada à sustentabilidade ambiental para a construção ecológica, a investigação foi conduzida para analisar esses projectos, especialmente no que diz respeito aos atrasos no calendário e aos factores causais. Através de um inquérito a 30 empresas da indústria da construção de Singapura, foi identificado um conjunto de factores que afectam o atraso dos projectos com base em várias literaturas, a fim de determinar os factores mais influentes tanto para os projectos ecológicos como para os tradicionais. O resultado da análise estabeleceu que 15,91% dos projectos tradicionais sofreram atrasos, enquanto 32,29% dos projectos de construção ecológica foram concluídos com atraso.

Além disso, os cinco principais factores que causam atrasos nos projectos ecológicos foram os seguintes

- Rapidez na tomada de decisões pelo cliente
- Rapidez na tomada de decisões envolvendo todas as equipas de projeto
- Comunicação/coordenação entre as principais partes
- Nível de experiência dos consultores
- Dificuldades de financiamento do projeto por parte dos contratantes

Por último, foram introduzidas recomendações para reduzir os atrasos no calendário dos projectos de construção ecológica com base na análise. Este estudo servirá de base para novas investigações sobre a melhoria do desempenho do calendário da construção ecológica.

Foram encontradas as seguintes soluções para melhorar o desempenho do calendário dos projectos de construção ecológica.

- Assegurar que o calendário e os recursos da construção são seriamente monitorizados e revistos.
- Verificar se existem erros e discrepâncias no documento de conceção para evitar refazer o trabalho.
- Deve ser analisado um método de aquisição alternativo.
- Assegurar que o número de trabalhadores é o ideal.
- Assegurar o pagamento progressivo aos contratantes.
- Minimizar as ordens de variação.
- Os recursos financeiros devem ser geridos pelos contratantes.
- Evitar atrasos na análise e aprovação dos documentos.
- Assegurar a capacidade e os recursos do contratante para a construção.
- Os funcionários administrativos e técnicos devem ser nomeados logo que o projeto seja adjudicado.
- Os consultores não devem atrasar o controlo e a aprovação dos documentos.
- O consultor deve ser flexível na avaliação do trabalho do contratante.
- Os contratantes devem efetuar uma análise económica e elaborar planos financeiros viáveis.

2.2.10 Odeh e Bartaineh (2002) - Causas de atraso na construção (contratos tradicionais)

Odeh e Bartaineh (2002) realizaram a investigação em Jourdan e trataram principalmente dos contratos tradicionais de tipo contraditório. O objetivo da investigação era identificar as principais causas de atraso no sector da construção na Jordânia e avaliar a importância relativa dessas causas. Foram identificadas 28 causas de atraso bem reconhecidas e separadas nos 8 factores seguintes.

- Fator relacionado com o cliente
- Fator relacionado com o contratante
- Fator relacionado com o consultor
- Fator relacionado com o material
- Fator relacionado com a mão de obra e o equipamento
- Fator relacionado com o contrato
- Fator relacionado com o contrato
- Factores externos

Foi realizado um inquérito por questionário e identificou-se que o fator relacionado com o cliente desempenha um papel importante. As seguintes causas foram consideradas causas graves de atrasos.

- Questões financeiras e de pagamento do cliente
- Experiência inadequada do contratante
- Questões relacionadas com os subcontratantes
- Interferência dos proprietários
- Lentidão na tomada de decisões por parte dos proprietários

Foram recomendadas as seguintes medidas para reduzir os atrasos.

- Aplicação de cláusulas de indemnização ao contrato.
- Desenvolvimento de recursos humanos para o sector da construção.
- Adoção de uma nova abordagem para a adjudicação de contratos com exclusão dos preços.
- Adotar uma nova abordagem em matéria de contratação.

2.2.11 Al Momani A.H. (2000) - Atrasos na construção: uma análise quantitativa na Jordânia

Al Momani A.H. (2000) realizou uma investigação sobre os atrasos de construção em 130 projectos públicos na Jordânia. Verificou-se que as condições meteorológicas, as condições do local, as entregas tardias, as condições económicas e o aumento das quantidades eram os factores críticos que causavam atrasos na construção na indústria da construção jordana.

Capítulo 3

METODOLOGIA

3.1 INTRODUÇÃO

Com base em trabalhos de investigação anteriores e em entrevistas a profissionais, foi possível enumerar as principais causas dos atrasos dos projectos de construção que são comuns na indústria da construção. Para compreender a situação atual dos atrasos nos projectos e planear soluções na indústria da construção do Sri Lanka, a recolha de dados foi efectuada através de um inquérito por questionário e de uma série de entrevistas. Os dados recolhidos foram analisados utilizando programas informáticos como o SPSS Statistics e o MS Excel.

3.2 CONCEPÇÃO DO QUESTIONÁRIO

Foi elaborado um questionário com base nos objectivos do estudo para obter a opinião dos inquiridos experientes sobre os atrasos nos projectos de construção. O questionário foi dividido em duas partes principais. A primeira parte incluía os dados dos inquiridos e das organizações. A segunda parte inclui os factores que causam atrasos nos projectos de construção no sector da construção do Sri Lanka. Esta parte incluía um total de 58 causas de atraso em sete categorias: cliente, empreiteiro, consultor, materiais, equipamento, mão de obra e factores externos.

3.3 CAUSAS DE ATRASO IDENTIFICADAS

Causas de atrasos por cliente

- Atraso nos pagamentos em curso
- Atraso no fornecimento e entrega do sítio
- Ordens de alteração pelo proprietário durante a construção
- Atraso na revisão e aprovação do projeto
- Atraso na aprovação de desenhos de fabrico e amostras de materiais
- Comunicação e coordenação deficientes
- Lentidão no processo de tomada de decisões
- Conflitos entre a copropriedade do projeto
- Suspensão dos trabalhos pelo cliente

Causas de atrasos do empreiteiro

- Dificuldades de financiamento do projeto
- Conflitos no calendário do subcontratante
- Retrabalho devido a erros durante a construção
- Conflitos entre o contratante e outras partes
- Comunicação e coordenação deficientes
- Planeamento e programação ineficazes
- Aplicação de métodos de construção inadequados
- Atrasos nos trabalhos do subcontratante
- Trabalhos inadequados do empreiteiro
- Mudança frequente de subcontratantes
- Qualificação deficiente do pessoal técnico do contratante
- Atrasos na mobilização do local

Causas dos atrasos por consultor

- Atraso na aprovação de alterações importantes no âmbito dos trabalhos
- Experiência inadequada do consultor
- Erros e discrepâncias nos documentos de conceção
- Comunicação e coordenação deficientes
- Atrasos na elaboração dos documentos de conceção
- Pormenores pouco claros e inadequados nos desenhos
- Recolha de dados e inquérito insuficientes antes da conceção
- Não utilização de software avançado de projeto de engenharia

Causas de atrasos por material

- Escassez de materiais de construção no mercado
- Alterações nos tipos de materiais durante a construção
- Atraso na entrega do material
- Danificação de materiais seleccionados quando estes são urgentemente necessários
- Atraso no fabrico de materiais de construção especiais
- Aquisição tardia de materiais

Causas dos atrasos do trabalho

- Escassez de mão de obra
- Baixo nível de produtividade dos trabalhadores
- Conflitos pessoais entre trabalhadores
- Mobilização lenta da mão de obra
- Greve de trabalhadores devido a revoluções
- Absentismo laboral
- Baixa motivação e moral dos trabalhadores
- Mão de obra não qualificada/com experiência insuficiente
- Autorização de trabalho dos trabalhadores
- Acidentes de trabalho no local

Causas de atrasos por equipamento

- Avarias de equipamento
- Falta de equipamento
- Baixo nível de competência do operador do equipamento
- Baixa produtividade e eficiência do equipamento
- Falta de equipamento mecânico de alta tecnologia

Causas externas de atrasos

- Efeitos das condições do subsolo e do solo
- Atraso na obtenção de licenças do município
- Efeito do clima nas actividades de construção
- Controlo e restrição do tráfego no local de trabalho
- Acidente durante a construção
- Alterações nos regulamentos e leis governamentais
- Atraso na prestação de serviços por parte dos serviços públicos
- Atraso na realização da inspeção e certificação finais

As perguntas baseavam-se na escala de Liker de cinco medidas ordinais de 1 a 5 (efeito muito reduzido a efeito muito elevado), de acordo com o nível de contribuição.

5= Efeito muito elevado

4= Efeito elevado

3= Efeito médio

2= Efeito reduzido

1= Efeito muito reduzido

3.4 RECOLHA DE DADOS

3.4.1 Inquérito por questionário

O inquérito por questionário incluiu os projectos de construção do Sri Lanka, tais como construção, estradas/estradas, abastecimento de água e irrigação. Os questionários foram distribuídos pelos seguintes métodos.

1. Postal
2. Transferência direta
3. Questionário em linha

Inicialmente, o inquérito por questionário foi iniciado por via postal e por entrega direta. Mas o número de respostas foi fraco. E os inquiridos não estavam interessados devido ao ambiente de trabalho atarefado. Assim, o questionário em linha foi concebido em formato Google e distribuído através de correio eletrónico e redes sociais.

3.4.2 Detalhes da resposta

Número total de respostas: 107

- ✓ Postal: 18
- ✓ Transferência direta: 53
- ✓ Em linha: 69

3.5 ANÁLISE DE DADOS

Os dados recolhidos foram analisados utilizando o Microsoft Excel para determinar a importância relativa das causas de atraso. Foram seguidos os seguintes passos na análise dos dados.

- O Índice de Importância Relativa (IER) de cada causa foi calculado utilizando a seguinte fórmula

$$RII = \frac{\sum w_i x_i}{\sum x_i}$$

Onde:

i- Índice da categoria de resposta

w_i - Peso atribuído a ith resposta (1, 2, 3, 4, 5, respetivamente)

x_i - Frequência da resposta i^{th}

- Os factores foram classificados em cada categoria com base no seu Índice de Importância Relativa (IIR).

De acordo com Assaf e Al-Hejji (2006), a correlação de Spearman é um teste não paramétrico. A correlação é uma medida de relação entre diferentes partes ou factores. Este método é utilizado principalmente para mostrar o grau de concordância entre as diferentes partes.

O coeficiente de correlação varia entre +1 e -1, em que +1 implica uma relação positiva perfeita (concordância), enquanto -1 resulta de uma relação negativa perfeita (discordância). O valor próximo de zero indica pouca ou nenhuma correlação. Nesta investigação, esta correlação foi utilizada para determinar o grau de concordância entre as partes. Esta correlação foi calculada utilizando a seguinte fórmula.

$$r_{s^l} = 1 - \frac{6\sum d^2}{n(n^2 - 1)}$$

Onde:

r I_s-Coeficiente de correlação de postos de Spearman entre duas partes

d-Diferença entre as classificações atribuídas às variáveis para cada causa

n-Número de pares de classificação

Capítulo 4

RESULTADOS

4.1 FACTORES QUE CONTRIBUEM PARA OS ATRASOS DOS PROJECTOS DE CONSTRUÇÃO

Todas as causas dos atrasos foram classificadas com base no seu Índice de Importância Relativa, como se mostra a seguir.

Quadro 4.1: Classificação das causas dos atrasos nos projectos de construção no Sri Lanka

Causas de atraso	RII	Classificação
Conflitos no calendário do subcontratante durante a execução do projeto	3.27	1
Atraso nos pagamentos em curso	3.27	1
Efeito do clima nas actividades de construção	3.22	3
Dificuldades de financiamento do projeto	3.21	4
Escassez de mão de obra	3.20	5
Mudança frequente de subcontratantes	3.18	6
Mobilização lenta dos trabalhadores	3.17	7
Mão de obra não qualificada/com experiência insuficiente	3.16	8

Baixo nível de produtividade da mão de obra	3.14	9
Atrasos nos trabalhos do subcontratante	3.13	10
Retrabalho devido a erros durante a construção	3.13	10
Baixa motivação e moral dos trabalhadores	3.12	12
Absentismo laboral	3.09	13
Efeitos das condições do subsolo e do solo.	3.08	14
Comunicação e coordenação deficientes (Contratante)	3.08	14
Atraso na entrega do material	3.07	16
Atraso na aprovação de alterações importantes no âmbito dos trabalhos	3.03	17
Conflitos pessoais entre trabalhadores	3.02	18
Planeamento e calendarização ineficazes do projeto	3.01	19

Ordens de alteração pelo proprietário durante a construção	3.01	19
Recolha de dados e levantamentos insuficientes antes da conceção	3.00	21
Lentidão no processo de decisão	3.00	21
Suspensão dos trabalhos pelo proprietário	2.98	23
Falta de alta tecnologia	2.97	24
Trabalhos inadequados do empreiteiro	2.94	25
Controlo e restrição do tráfego no local de trabalho	2.94	25
Atraso no fornecimento e entrega do sítio	2.93	27
Falta de equipamento	2.92	28
Atrasos na elaboração dos documentos de conceção	2.92	28
Não utilização de software avançado de projeto de engenharia	2.92	28

Avarias de equipamento	2.91	31
Atraso na obtenção de licenças do município	2.91	31
Comunicação e coordenação deficientes (Consultor)	2.91	31
Aplicação de métodos de construção incorrectos	2.90	34
Atraso na aprovação de desenhos de fabrico e amostras de materiais	2.90	34
Aquisição tardia de materiais	2.89	36
Acidentes de trabalho no local	2.89	36
Atraso no fabrico de materiais de construção especiais	2.88	38
Conflitos entre o contratante e outras partes	2.87	39
Pormenores pouco claros e inadequados nos desenhos	2.83	40
Atraso na revisão e aprovação dos documentos de conceção	2.83	40

Escassez de materiais de construção no mercado	2.82	42
Greves de trabalhadores devido a revoluções	2.82	42
Baixa produtividade e eficiência do equipamento	2.81	44
Autorização de trabalho dos trabalhadores	2.79	45
Comunicação e coordenação deficientes (Cliente)	2.78	46
Alterações nos tipos de materiais durante a construção	2.77	47
Qualificação deficiente do pessoal técnico do contratante	2.75	48
Atraso na prestação de serviços por parte dos serviços públicos	2.73	49
Danificação de materiais seleccionados quando são necessários com urgência	2.73	49
Erros e discrepâncias nos documentos de conceção	2.73	49
Atraso na realização da inspeção e certificação finais	2.72	52

Experiência inadequada do consultor	2.71	53
Baixo nível de competência do operador do equipamento	2.71	53
Alterações nos regulamentos e leis governamentais	2.64	55
Conflitos entre a copropriedade do projeto	2.59	56
Atrasos na mobilização do local	2.59	56
Acidente durante a construção	2.40	58

RELATIVE IMPORTANCE INDEX

CAUSES OF DELAYS	RELATIVE IMPORTANCE INDEX
CONFLICTS IN SUB-CONTRACTOR'S...	3.27
DELAY IN PROGRESS PAYMENTS	3.27
WEATHER EFFECT ON CONSTRUCTION...	3.22
DIFFICULTIES IN FINANCING PROJECT	3.21
SHORTAGE OF LABOUR	3.2
FREQUENT CHANGE OF SUB-CONTRACTORS	3.18
SLOW MOBILIZATION OF THE LABOURS	3.17
UNQUALIFIED/INADEQUATE EXPERIENCED...	3.16
LOW PRODUCTIVITY LEVEL OF LABOUR	3.14
DELAYS IN SUB-CONTRACTOR'S WORK	3.13
REWORK DUE TO ERRORS DURING...	3.13
LOW MOTIVATION AND MORALE OF...	3.12
LABOUR ABSENTEEISM	3.09
EFFECTS OF SUBSURFACE AND GROUND...	3.08
POOR COMMUNICATION AND...	3.08
DELAY IN MATERIAL DELIVERY	3.07
DELAY IN APPROVING MAJOR CHANGES IN...	3.03
PERSONAL CONFLICTS AMONG LABOUR	3.02
INEFFECTIVE PLANNING AND SCHEDULING...	3.01
CHANGE ORDERS BY OWNER DURING...	3.01
INSUFFICIENT DATA COLLECTION AND...	3
SLOWNESS IN THE DECISION-MAKING...	3
SUSPENSION OF WORK BY OWNER	2.98
LACK OF HIGH-TECHNOLOGY	2.97
INADEQUATE CONTRACTOR'S WORK	2.94
TRAFFIC CONTROL AND RESTRICTION AT...	2.94
DELAY TO FURNISH AND DELIVER THE SITE	2.93
SHORTAGE OF EQUIPMENT	2.92
DELAYS IN PRODUCING DESIGN...	2.92
NON-USE OF ADVANCED ENGINEERING...	2.92
EQUIPMENT BREAKDOWNS	2.91
DELAY IN OBTAINING PERMITS FROM...	2.91
POOR COMMUNICATION AND...	2.91
IMPROPER CONSTRUCTION METHODS...	2.9
DELAY IN APPROVING SHOP DRAWING...	2.9
LATE PROCUREMENT OF MATERIALS	2.89
LABOUR INJURIES ON SITE	2.89
DELAY IN MANUFACTURING SPECIAL...	2.88
CONFLICTS BETWEEN CONTRACTOR AND...	2.87
UNCLEAR AND INADEQUATE DETAILS IN...	2.83
DELAY IN REVISING AND APPROVING...	2.83
SHORTAGE OF CONSTRUCTION MATERIALS...	2.82
LABOUR STRIKES DUE TO REVOLUTIONS	2.82
LOW PRODUCTIVITY AND EFFICIENCY OF...	2.81
WORK PERMIT OF LABOURS	2.79
POOR COMMUNICATION AND...	2.78
CHANGES IN MATERIAL TYPES DURING...	2.77
POOR QUALIFICATION OF THE...	2.75
DELAY IN PROVIDING SERVICES FROM...	2.73
DAMAGE OF SORTED MATERIAL WHILE...	2.73
MISTAKES AND DISCREPANCIES IN DESIGN...	2.73
DELAY IN PERFORMING FINAL INSPECTION...	2.72
INADEQUATE EXPERIENCE OF CONSULTANT	2.71
LOW LEVEL OF EQUIPMENT-OPERATOR'S...	2.71
CHANGES IN GOVERNMENT REGULATIONS...	2.64
CONFLICTS BETWEEN JOINT-OWNERSHIP...	2.59
DELAYS IN SITE MOBILIZATION	2.59
ACCIDENT DURING CONSTRUCTION	2.4

Figura 4.1: Índice de importância relativa das causas dos atrasos nos projectos de construção no Sri Lanka

4.2 CAUSAS DE ATRASOS RELACIONADAS COM OS CLIENTES

Tabela 4.2: Classificação das causas de atraso relacionadas com o cliente

Causas	RII	Classificação
Atraso nos pagamentos em curso	3.27	1
Ordens de alteração pelo proprietário durante a construção	3.01	2
Lentidão no processo de decisão	3.00	3
Suspensão dos trabalhos pelo proprietário	2.98	4
Atraso no fornecimento e entrega do sítio	2.93	5
Atraso na aprovação do desenho da loja e da amostra	2.90	6
Atraso na revisão e aprovação dos documentos de conceção	2.83	7
Comunicação e coordenação deficientes	2.78	8
Conflitos entre a copropriedade do projeto	2.59	9

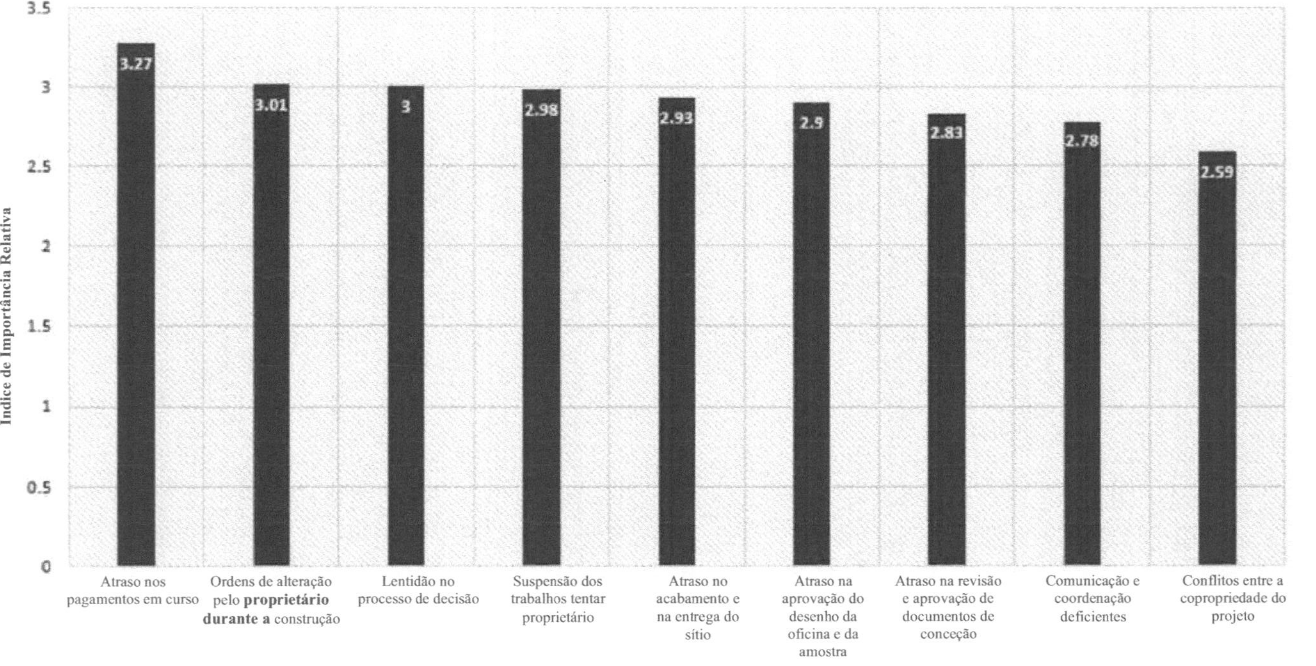

Figura 4.2: Índice de Importância Relativa das causas de atraso relacionadas com o cliente

4.3 CAUSAS DE ATRASO RELACIONADAS COM OS EMPREITEIROS

Quadro 4.3: Classificação das causas de atraso relacionadas com o empreiteiro

Causas	**RII**	**Classificação**
Conflitos no calendário do subcontratante durante a execução do projeto	3.27	1
Dificuldades de financiamento do projeto	3.21	2
Mudança frequente de subcontratantes	3.18	3
Atrasos nos trabalhos do subcontratante	3.13	4
Retrabalho devido a erros durante a construção	3.13	4
Comunicação e coordenação deficientes	3.08	6
Planeamento e programação ineficazes	3.01	7
Trabalhos inadequados do empreiteiro	2.94	8
Aplicação de métodos de construção inadequados	2.90	9
Conflitos entre o contratante e as outras partes	2.87	10
Qualificação deficiente do pessoal técnico do contratante	2.75	11
Atrasos na mobilização do local	2.59	12

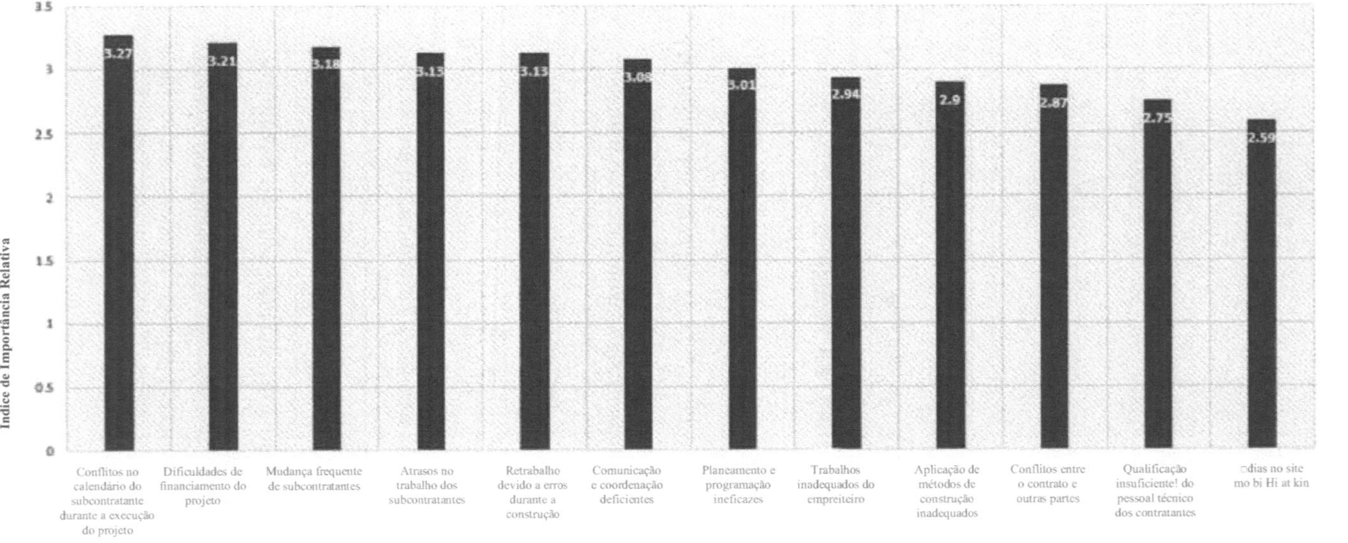

Figura 4.3: Índice de importância relativa das causas de atraso relacionadas com o empreiteiro

4.4 CAUSAS DE ATRASO RELACIONADAS COM OS CONSULTORES

Tabela 4.4: Classificação das causas de atrasos relacionadas com os consultores

Causas	RII	Classificação
Atraso na aprovação de alterações importantes no âmbito do trabalho	3.03	1
Recolha de dados e inquérito insuficientes antes da conceção	3.00	2
Atrasos na elaboração dos documentos de conceção	2.92	3
Não utilização de software avançado de projeto de engenharia	2.92	3
Comunicação e coordenação deficientes	2.91	5
Pormenores pouco claros e inadequados nos desenhos	2.83	6
Erros e discrepâncias nos documentos de conceção	2.73	7
Experiência inadequada do consultor	2.71	8

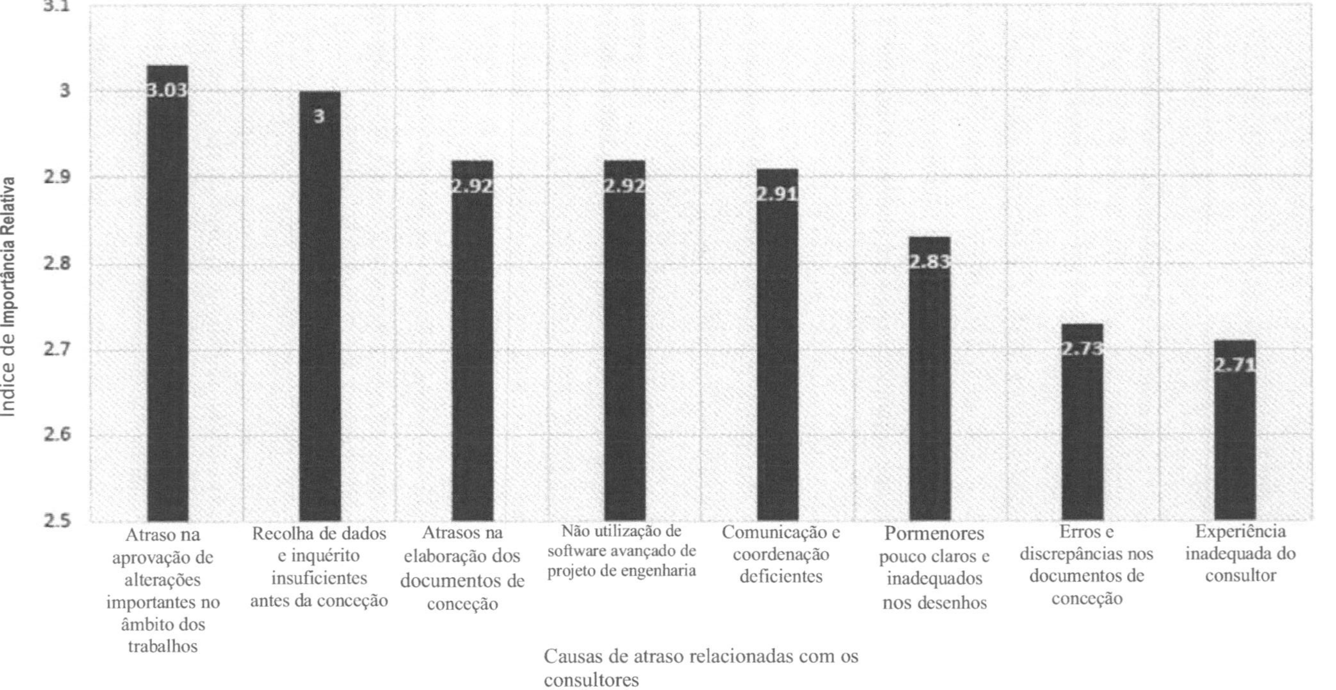

Figura 4.4 Índice de importância relativa das causas de atraso relacionadas com os consultores

4.5 CAUSAS DE ATRASO RELACIONADAS COM OS MATERIAIS

Quadro 4.5: Classificação das causas de atraso relacionadas com o material

Causas	RII	Classificação
Atraso na entrega do material	3.07	1
Aquisição tardia de materiais	2.89	2
Atraso no fabrico de materiais de construção especiais	2.88	3
Escassez de materiais de construção no mercado	2.82	4
Alterações nos tipos de materiais durante a construção	2.77	5
Danificação de materiais seleccionados quando são necessários com urgência	2.73	6

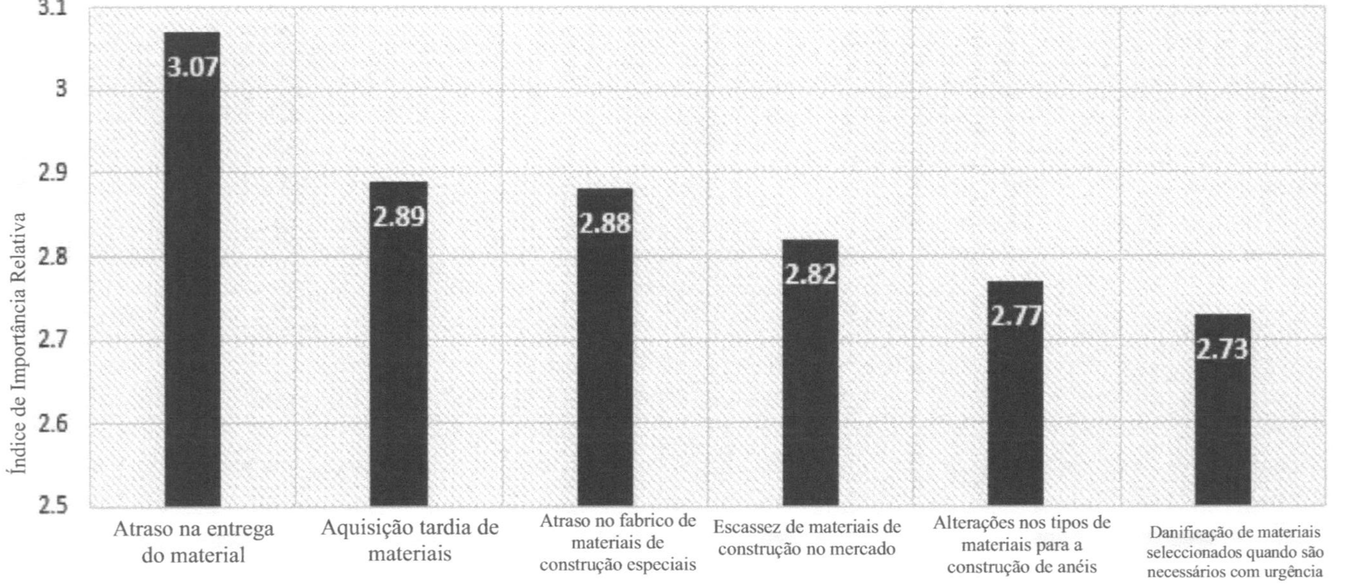

Figura 4.5 Índice de importância relativa das causas de atraso relacionadas com os materiais

4.6 CAUSAS DE ATRASO RELACIONADAS COM O TRABALHO

Tabela 4.6: Classificação das causas dos atrasos relacionados com o trabalho

Causas	**RII**	**Classificação**
Escassez de mão de obra	3.20	1
Mobilização lenta dos trabalhadores	3.17	2
Mão de obra não qualificada/com experiência insuficiente	3.16	3
Baixo nível de produtividade da mão de obra	3.14	4
Baixa motivação e moral dos trabalhadores	3.12	5
Absentismo laboral	3.09	6
Conflitos pessoais entre trabalhadores	3.02	7
Acidentes de trabalho no local	2.89	8
Greves de trabalhadores devido a revoluções	2.82	9
Autorização de trabalho dos trabalhadores	2.79	10

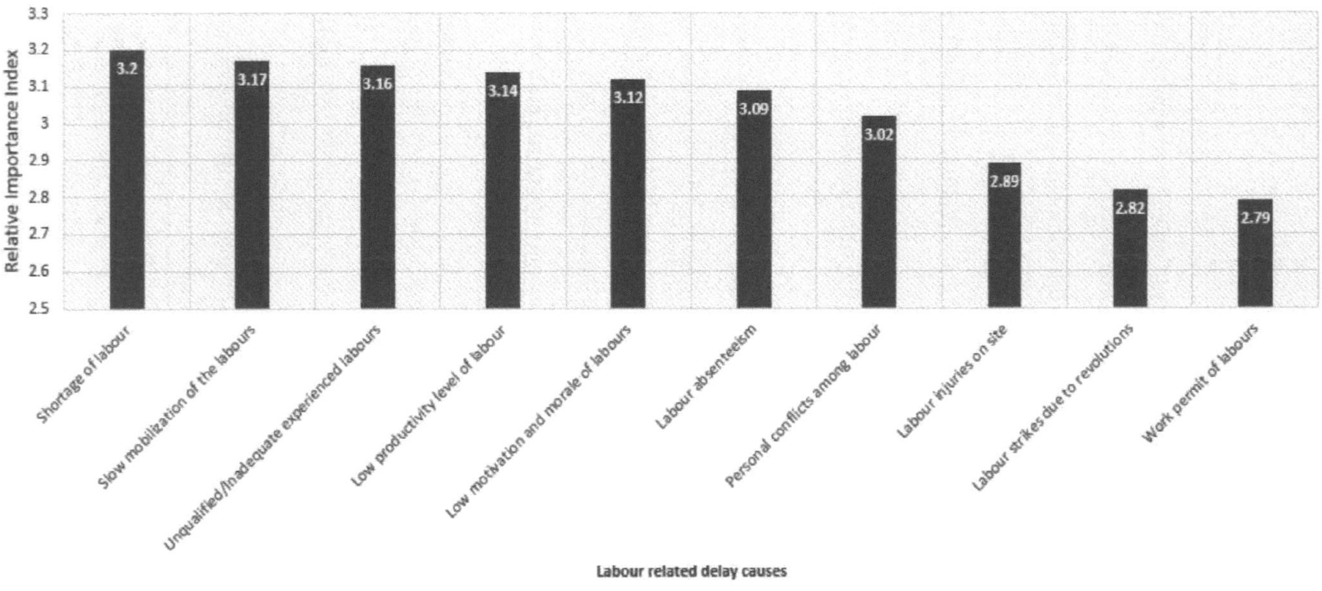

Figura 4.6: Índice de Importância Relativa das causas de atraso relacionadas com o trabalho

4.7 CAUSAS DE ATRASOS RELACIONADAS COM O EQUIPAMENTO

Quadro 4.7: Classificação das causas de atraso relacionadas com o equipamento

Causas	RII	Classificação
Falta de alta tecnologia	2.97	1
Falta de equipamento	2.92	2
Avarias de equipamento	2.91	3
Baixa produtividade e eficiência do equipamento	2.81	4
Baixo nível de competência do operador do equipamento	2.71	5

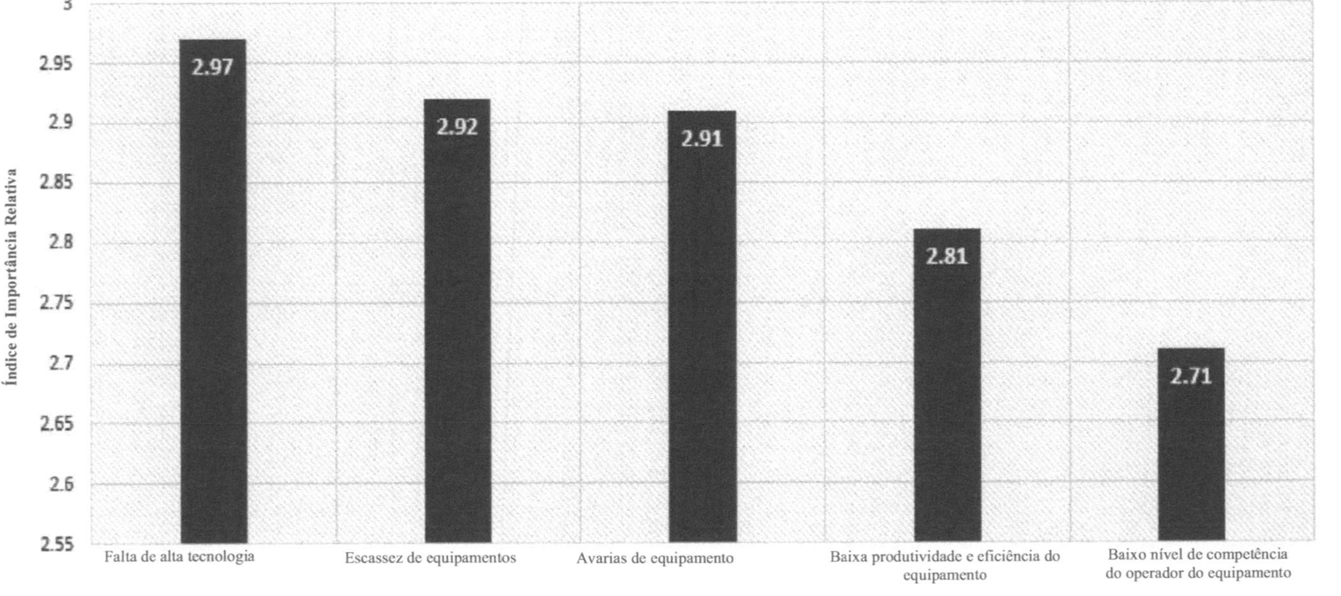

Figura 4.7: Índice de importância relativa das causas de atraso relacionadas com o equipamento

4.8 CAUSAS EXTERNAS DE ATRASOS

Quadro 4.8: Classificação das causas externas de atrasos

Causas	RII	Classificação
Efeito do clima nas actividades de construção	3.22	1
Efeitos nas condições do subsolo e do solo	3.08	2
Controlo e restrição do tráfego no local de trabalho	2.94	3
Atraso na obtenção de licenças do município	2.91	4
Atraso na prestação de serviços por parte dos serviços públicos	2.73	5
Atraso na realização da inspeção e certificação finais	2.72	6
Alterações nos regulamentos e leis governamentais	2.64	7
Acidente durante a construção	2.40	8

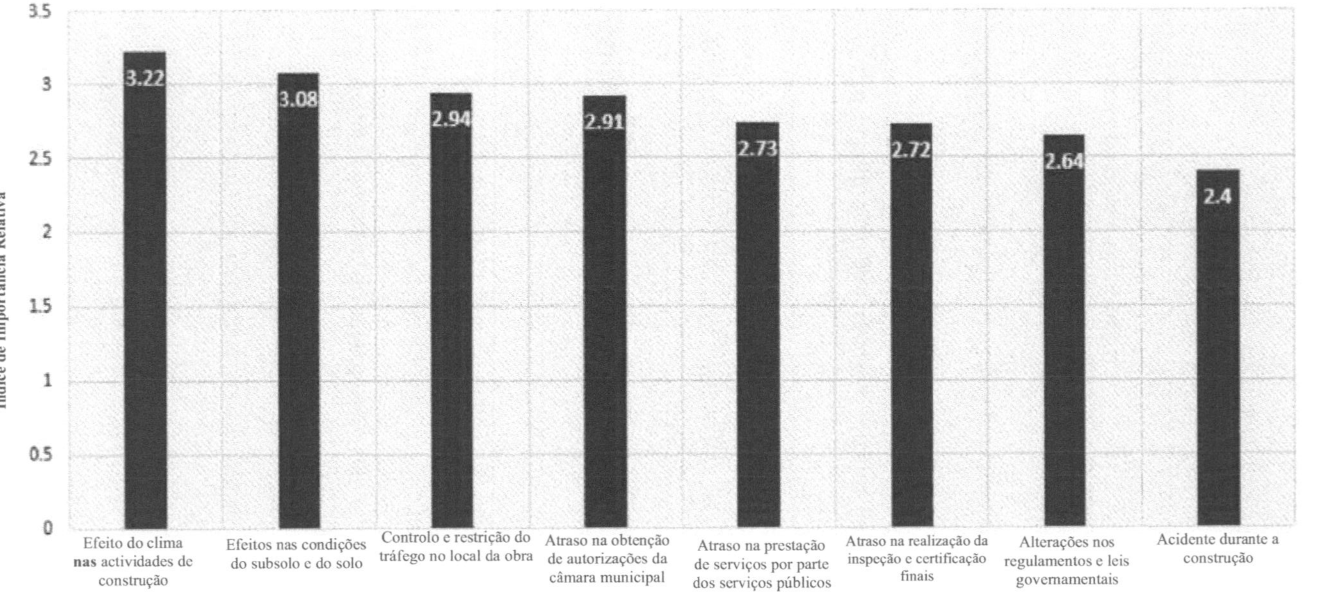

Figura 4.8: Índice de importância relativa das causas externas de atrasos

4.9 FACTORES QUE AFECTAM OS ATRASOS

Quadro 4.9.1: Classificação dos factores que afectam os atrasos

Factores relacionados	RII	Classificação
Trabalho	3.04	1
Empreiteiro	2.99	2
Cliente	2.92	3
Consultor	2.90	4
Equipamento	2.86	5
Material	2.86	6
Externo	2.83	7

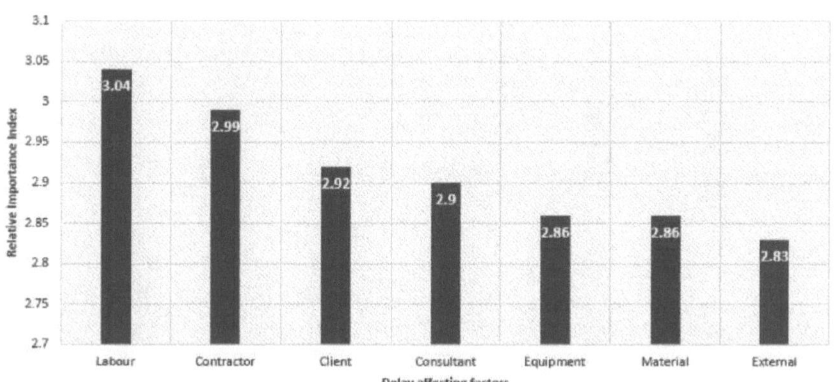

Figura 4.9.1 Índice de importância relativa dos factores que afectam o atraso

Tabela 4.9.2: Classificação dos actores que afectam os atrasos por cliente

Factores relacionados	RII	Classificação
Trabalho	3.08	1
Empreiteiro	2.99	2
Cliente	2.90	3
Equipamento	2.83	4
Consultor	2.75	5
Material	2.68	6
Externo	2.60	7

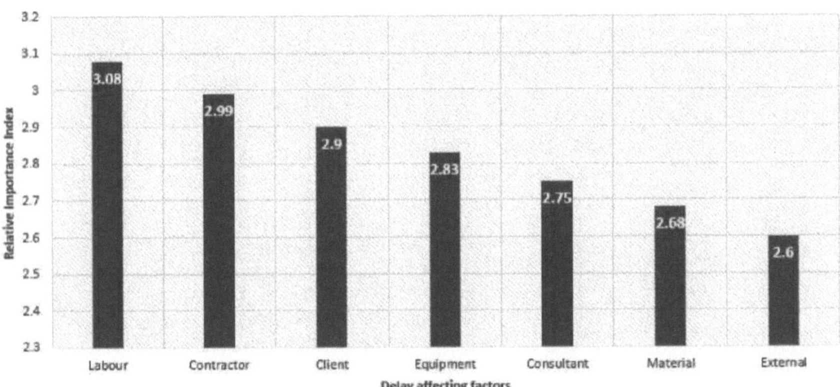

Figura 4.9.2 Índice de importância relativa dos factores que afectam o atraso por cliente

Tabela 4.9.3 Classificação dos factores que afectam os atrasos por consultor

Factores relacionados	RII	Classificação
Empreiteiro	3.03	1
Material	2.95	2
Trabalho	2.92	3
Consultor	2.90	4
Equipamento	2.86	5
Cliente	2.78	6
Externo	2.70	7

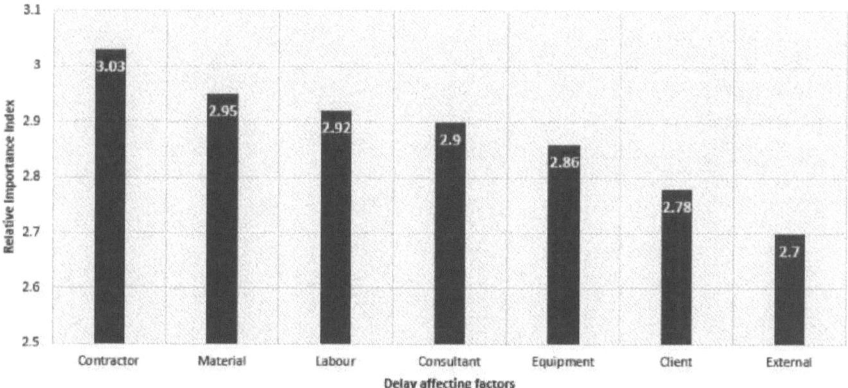

Figura 4.9.3 Índice de importância relativa dos factores que afectam os atrasos, por consultor

Quadro 4.9.4 Classificação dos factores que afectam os atrasos por contratante

Factores relacionados	RII	Classificação
Trabalho	3.22	1
Externo	3.13	2
Consultor	3.09	3
Material	3.02	4
Cliente	3.02	4
Empreiteiro	2.98	6
Equipamento	2.90	7

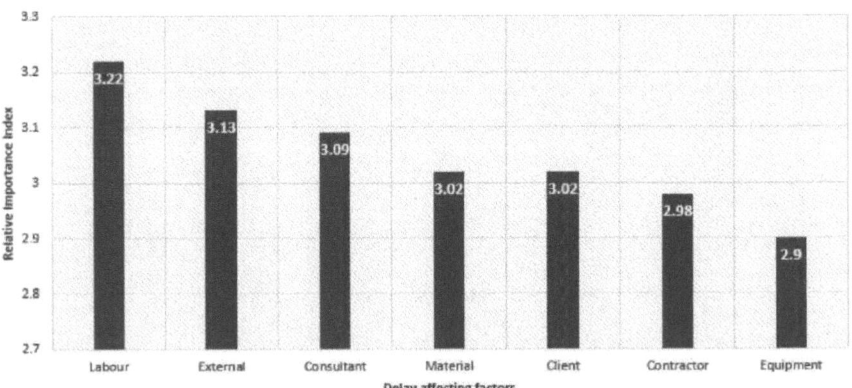

Figura 4.9.4 Índice de importância relativa dos factores que afectam os atrasos, por contratante

Quadro 4.9.5: Resumo da classificação dos factores que afectam os atrasos

Factores	Classificação por			Classificação geral
	Cliente	Consultor	Empreiteiro	
Cliente	3	6	4	4
Empreiteiro	2	1	6	2
Consultor	5	4	3	6
Material	6	2	4	3
Trabalho	1	3	1	1
Equipamento	4	5	7	5
Externo	7	7	2	7

4.10 CORRELAÇÃO DE ORDEM IMPORTANTE

O coeficiente de correlação de Spearman foi aplicado para medir o grau de concordância ou discordância associado à classificação da importância de cada uma das duas partes interessadas para um único fator de atraso, ignorando a classificação da terceira parte. Os resultados indicam que 37,5% do grau de concordância (relação positiva) se verifica entre o cliente e o consultor. Não existe correlação entre o cliente e o empreiteiro. Existe uma relação negativa entre o consultor e o empreiteiro. A concordância relativa entre cada uma das partes é apresentada de seguida.

Tabela 4.10: Correlação da classificação de importância

Partes	**Coeficiente de correlação de Spearman Rank**
Cliente - Consultor	0.375
Cliente - Empreiteiro	0.000
Consultor - Empreiteiro	- 0.196

CONCLUSÃO E RECOMENDAÇÃO

CONCLUSÃO

Os atrasos nos projectos de construção no Sri Lanka têm origem sobretudo na mão de obra, seguida do empreiteiro e do cliente, enquanto as causas externas são menos importantes. O dono da obra e o empreiteiro especificaram que as causas relacionadas com a mão de obra são fontes de atraso. No entanto, o consultor indicou que as causas relacionadas com o empreiteiro são as que mais contribuem para os atrasos na construção.

As 10 causas seguintes foram consideradas causas graves de atrasos no sector da construção no Sri Lanka.

- Conflitos no calendário do subcontratante
- Atraso nos pagamentos em curso
- Efeitos climáticos nas actividades de construção
- Dificuldades de financiamento do projeto
- Escassez de mão de obra
- Mobilização lenta dos trabalhadores
- Mão de obra não qualificada / com experiência insuficiente
- Baixo nível de produtividade dos trabalhadores
- Atrasos nos trabalhos do subcontratante
- Retrabalho devido a erros durante a construção

RECOMENDAÇÃO

Para minimizar e controlar os atrasos nos projectos de construção, são recomendados os seguintes factores aos participantes no projeto.

Os clientes devem prestar especial atenção aos seguintes factores

- Minimizar as alterações de ordem durante a construção para evitar atrasos
- Pagar atempadamente os pagamentos progressivos aos empreiteiros, uma vez que isso enfraquece a capacidade do empreiteiro para financiar a obra
- Acelerar a revisão e a aprovação dos documentos de conceção

Os consultores devem centrar-se nos seguintes pontos.

- Evitar atrasos na revisão e aprovação dos documentos de conceção
- Reforçar os conhecimentos e as competências do pessoal técnico
- Melhorar a coordenação entre as partes

Os contratantes devem prestar mais atenção aos seguintes factores.

- Melhorar os conhecimentos e as competências do pessoal técnico
- Gerir os recursos financeiros e planear o fluxo de caixa utilizando o pagamento progressivo
- Planeamento e programação dos trabalhos desde o início do projeto e durante os trabalhos
- Melhorar a gestão e a supervisão do estaleiro, a fim de concluir os trabalhos dentro dos prazos previstos

Sugerem-se os seguintes métodos de minimização para reduzir os atrasos do projeto.

- Planeamento estratégico eficaz
- Planeamento e programação adequados do projeto

- Trabalho colaborativo na construção
- Gestão e supervisão eficazes do local
- Coordenação frequente entre as partes envolvidas
- Estimativas de custos iniciais exactas
- Reuniões de acompanhamento frequentes
- Canais de informação e comunicação claros

As seguintes actividades de planeamento são propostas para evitar os efeitos dos atrasos.

- Controlo contínuo
- Controlo financeiro
- Gestão do trabalho
- Revisão do calendário
- Controlo de materiais/equipamentos
- Utilização de programas informáticos de planeamento

Verifica-se que os atrasos nos projectos de construção no Sri Lanka têm origem sobretudo em causas de atraso relacionadas com a mão de obra. Assim, recomendam-se vivamente as seguintes tarefas para reduzir os efeitos das causas de atraso relacionadas com a mão de obra.

- Desenvolvimento de instalações de formação para trabalhadores
- Motivar os trabalhadores através do estabelecimento de uma tabela salarial mínima atractiva e aceitável
- Introdução de um sistema de pagamento dos trabalhadores baseado na produtividade.
- Adoção de novos tipos de contratos que reduzam os atrasos
- Melhorar a gestão do trabalho
- Minimizar o retrabalho através de uma melhor supervisão e de um planeamento adequado do projeto
- Manter boas relações com os trabalhadores
- Recrutamento e contratação de supervisores competentes
- Assegurar as políticas de saúde e segurança no trabalho
- Investigar as causas do absentismo dos trabalhadores e tomar as medidas adequadas para o minimizar

REFERÊNCIAS

1. Mohan M. Kumaraswamy & Daniel W. M. Chan (1998). Contributors to construction delays", Construction Management and Economics, 16, 17-29.
2. Thomas Ng, Cheung Sai On e Mohan M Kumaraswamy (2004). 'Selection of Activities to be crashed for Mitigating Construction Delays' (Seleção de actividades a serem eliminadas para mitigar os atrasos na construção). HKIE Transactions, Vol.11, pp.42-47.
3. Al-Momani A.H. (2000). "Construction delays: a quantitative analysis", International Journal of Project Management, 18(1), 5-9.
4. Assaf S.A., Al-Khalil M. e Al-Hazmi M. (1995). Causes of Delay in Large Building Construction Projects", Journal of Project Management in Engineering ASCE, 2; 45-50.
5. Alinaitwe H.M., Mwakali J.A. e Hansson B. (2007). 'Factores que afectam a produtividade dos artesãos da construção: Studies of Uganda", Journal of Civil Engineering and Management, 13(3), 169-176.
6. Frimpong Y., Oluwoye J. e Crawford L. (2003). "Causes of delay and cost overruns in construction of ground water projects in developing countries; Ghana as a case study", International Journal of Project Management. Vol.21, pp.321-326.
7. Bon G. Hwang & Lay P. Leong (2013). Comparison of schedule delay and causal factors between traditional and green construction projects", Technological and Economic Development of Economy, Vol.19, pp.310-330.
8. Assaf S.A. e Al Hejji S. (2006). Causes of delay in large construction projects", International Journal of Project Management, 24, 349-357.
9. Chan D.W.M. e Kumaraswamy M.M. (1997). An evaluation of construction time performance in the building industry", Journal of Building and Environment, 31(6), 569-578.
10. Murali Sambasivan & Yau Wen Soon (2007). Causes and effects of delays in Malaysian construction industry", International Journal of Project Management. 25, 517-526.
11. Odeh A.M. e Battaineh H.T. (2002). Causes of construction delay: Traditional contracts", International Journal of Project Management, 220, 67-73.
12. Al-Momani A.H. (2000). "Construction delays: a quantitative analysis", International Journal of Project Management, 18(1), 5-9.
13. Isaac Abiodun Odesola & Godwin Iroroakpo Idoro (2014). 'Influência dos factores relacionados com a mão de obra na produtividade da mão de obra da construção no Geo Sul-Sul'.
    Political Zone of Nigeria", Journal of Construction in Developing Countries, 19(1), 93-109.
14. Adamu, K.J., Dzasu, W.E., Haruna, A. e Balla, S.K. (2011). 'Labour productivity constraints in the Nigerian construction industry', Continental Journal of Environmental Design and Management, 1(2), 9-13.

APÊNDICE I

SECÇÃO A: ESTUDO DE FUNDO DA ORGANIZAÇÃO

Detalhes da organização

- Nome:

....

Detalhes do projeto

- Nome do projeto:

....

- Localização do projeto:

1. Indique o tipo de organização/empresa do inquirido.

....

Cliente	
Empreiteiro	
Consultor	
Outros	
Especificar :	

2. Indicar o tipo de projeto.

Edifício	
Estrada/Estrada	
Irrigação	
Outros	
Especificar :	

3. Indicar a classificação ICTAD da organização/empresa inquirida.

C	

4. Indique a posição do inquirido na organização/empresa.

Diretor	
Gestor de projectos	
Gestor do sítio	

Engenheiro/desenhador	
Outros	
Especificar :	

5. Indicar o número de anos que o inquirido tem de experiência no sector da construção.

< 5 anos	
5 - 10 anos	
11 - 15 anos	
> 15 anos	

6. Indicar o número de projectos de construção que o inquirido envolveu.

< 3 projectos	
4 - 6 projectos	
7 - 10 projectos	
> 10 projectos	

7. Indicar o número de atrasos nos projectos com que se depara o inquirido.

< 3 projectos	
4 - 6 projectos	
7 - 10 projectos	
> 10 projectos	

SECÇÃO B:
FACTORES QUE CONTRIBUEM PARA A CONSTRUÇÃO ATRASOS

Objetivo:

Identificar os factores de atraso que contribuem para os atrasos de construção nos projectos de construção do Sri Lanka.

Queira especificar a sua opinião sobre as seguintes causas de atraso relacionadas com o seu projeto.

	Causas de atraso	**Classificação**

Categoria		Contribuição muito elevada	Contribuição elevada	Contribuição média	Contribuição reduzida	Contribuição muito reduzida
Relacionado com o proprietário	- Atraso nos pagamentos em curso					
	- Atraso no fornecimento e na entrega do sítio					
	- Ordens de alteração pelo proprietário durante a construção					
	- Atraso na revisão e aprovação do projeto					
	- Atraso na aprovação do desenho da loja e da amostra					
	• Comunicação e coordenação deficientes					
	- Lentidão no processo de tomada de decisão					
	- Conflitos entre a propriedade conjunta do projeto					
	- Suspensão dos trabalhos pelo proprietário					

Relacionado com o contratante	- Dificuldades de financiamento do projeto					
	- Conflitos no calendário dos subcontratantes durante execução do projeto					
	- Retrabalho devido a erros durante a construção					
	- Conflitos entre o contratante e as outras partes					
	• Comunicação e coordenação deficientes					
	- Planeamento e programação ineficazes					
	- Realização de construções incorrectas Métodos					
	- Atrasos nos trabalhos do subcontratante					
	- Trabalhos inadequados do empreiteiro					
	- Mudança frequente de subcontratantes					
	- Má qualificação do pessoal técnico do contratante Pessoal					
	- Atrasos na mobilização do local					

Relacionado com o consultor	- Atraso na aprovação de maj ou alterações do âmbito de trabalho					
	• Comunicação e coordenação deficientes					
	- Experiência inadequada do consultor					
	- Erros e discrepâncias nos documentos de projeto					
	- Atrasos na elaboração dos documentos de projeto					
	- Pormenores pouco claros e inadequados nos desenhos					
	• Recolha de dados e inquérito insuficientes antes Conceção					
	- Não utilização de software de conceção avançada de engenharia					
Materiais relacionados	- Escassez de materiais de construção no mercado					
	- Alterações nos tipos de materiais durante a construção					
	- Atraso na entrega do material					
	- Danificação dos materiais seleccionados durante a sua urgentemente necessário					
	- Atraso no fabrico do edifício especial Materiais					

	- Aquisição tardia de materiais					
Relacionadas com o trabalho	- Escassez de mão de obra					
	- Mão de obra não qualificada/com experiência insuficiente					
	- Baixo nível de produtividade dos trabalhadores					
	- Conflitos pessoais entre trabalhadores					
	- Baixa motivação e moral dos trabalhadores					
	- Mobilização lenta da mão de obra					
	- Acidentes de trabalho no local					
	- Autorização de trabalho dos trabalhadores					
	- Greve de trabalhadores devido a revoluções					
	- Absentismo laboral					
Equipamento relacionado	- Avarias no equipamento					
	- Falta de equipamento					

	- Baixo nível de competência do operador do equipamento					
	- Baixa produtividade e eficiência do equipamento					
	- Falta de equipamento mecânico de alta tecnologia					
Causas externas	- Efeitos das condições do subsolo e do solo					
	- Atraso na obtenção de licenças do município					
	- Efeito do clima nas actividades de construção					
	- Controlo e restrição do tráfego no local de trabalho					
	- Acidente durante a construção					
	- Alterações nos regulamentos e leis governamentais					
	- Atraso na prestação de serviços de utilidade pública					
	- Atraso na realização da inspeção final e Certificação					

- Comentários, sugestões e recomendações sobre as causas dos atrasos:

- Sugestões e recomendações de métodos para minimizar a construção atrasos:

- Sugestões e recomendações de actividades de planeamento para evitar a construçãoatrasos:

....

....

....

....

....

....

....

....

....

....

....

....

....

....

....

....

....

....

....

....

....

....

....

....

....

....

....

....

....

....

....

....

....

Printed by Books on Demand GmbH, Norderstedt / Germany